棚室南瓜防病虫栽培

图解

程永安　编著

金盾出版社

内 容 提 要

本书由西北农林科技大学程永安教授编著。本书以图文结合的形式介绍了南瓜病虫害防治方法、栽培季节与优良品种、栽培主要棚室类型及其建造、育苗技术、棚室高效栽培技术，以及南瓜主要病虫害防治技术，其栽培设施与配套技术具有先进性和实用性。适合广大菜农和基层农业技术推广人员学习使用，也可供农业院校相关专业师生阅读。

图书在版编目(CIP)数据

棚室南瓜防病虫栽培图解/程永安编著 . — 北京 ：金盾出版社,2016.2

ISBN 978-7-5186-0522-4

Ⅰ.①棚…　Ⅱ.①程…　Ⅲ.①南瓜—温室栽培—病虫害防治—图解　Ⅳ.①S436.42-64

中国版本图书馆 CIP 数据核字(2015)第 215704 号

金盾出版社出版、总发行

北京太平路 5 号(地铁万寿路站往南)

邮政编码:100036　电话:68214039　83219215

传真:68276683　网址:www.jdcbs.cn

中画美凯印刷有限公司印刷、装订

各地新华书店经销

开本:850×1168 1/32　印张:3　字数:70 千字

2016 年 2 月第 1 版第 1 次印刷

印数:1～5 000 册　定价:15.00 元

目录

第一章 南瓜病虫害防治方法

一、农业防治

(一)选择抗病品种

选用抗病虫的优良品种是病虫害防治的重要途径。获取优良品种的一般途径有：示范园的优良品种展示(图1-1)；不同形式的农业博览会、种子交易会；不同媒体的宣传资料；当地农技部门、种子经销商、成功种植户等推荐。

图1-1　南瓜优良品种展示

(二)轮作倒茬或间作

与西瓜、甜瓜相比，南瓜抗重茬能力较强，但长期连作，也会影响南瓜的抗病性和丰产性。在设施生产中，采用轮作倒茬的方法，可以减轻病虫害的发生，常用前后轮作模式有"早春覆盖南瓜 + 秋番茄／秋黄瓜"、"越冬茬番茄／越冬茬黄瓜或春提早黄瓜／春提早番茄 + 秋播南瓜"。间作也是南瓜防病虫的常用方法，南瓜爬地栽培一般与高秆作物间作（图1-2）。

图1-2　南瓜与玉米间作套种

（三）培育无病苗

培育无菌健康苗，减少初侵染源是南瓜生产中病虫防治的重要手段，也是南瓜丰产、高效栽培的基础。培育无菌健康苗的主要措施如下。

第一，选用健康种子，有条件的地方，优先选用包衣种子（图1-3）。

第二，浸种或播种前，进行种子消毒（药剂消毒、温汤浸种等后述）。

第三，对育苗土、重复使用的育苗基质、育苗器皿（穴盘、营养钵）进行药剂消毒，一般采用广谱性杀菌剂。

第四，采用棚室育苗（图1-4至图1-6），育苗前对育苗棚内进行灭菌处理，采用的方法有药剂喷洒、烟雾熏蒸或夏季闭棚高温闷棚。

第五，通风口和门口采用防虫网措施。

图1-3　包衣种子

图1-4　不受季节限制的温室育苗

图1-5　冬春季日光温室育苗

图1-6　夏秋季的遮阴育苗

（四）减少栽培环境病菌

第一，调节棚室内温度和湿度，创造不利于病菌发生的环境，一般是通过控制通风口大小，调节棚内温度，通过全膜覆盖、膜下灌溉、滴灌等方法（图1-7至图1-9）降低棚内空气湿度。

第二，清除棚室周围的杂草和作物的废弃物，通过减少病虫的寄主，以减少病原菌和虫源。

第三，定期群防。近年来，国内蔬菜生产多以基地式、规模化生产，但仍是以小农户生产方式为主，不同农户、不同棚室之间往往容易引起病虫的相互传播、反复交叉传播，采用定期群防，可以减少区域内的病虫害相互传播。

图1-7 全膜覆盖

图1-8 膜下灌溉

图1-9 滴 灌

（五）提高植株抗病能力

主要是培育健康、健壮的植株，一般是通过肥水控制，调节南瓜植株营养生长与生殖生长的平衡，合理挂果，使植株始终处于健康、健壮状态。

（六）清洁田园

清洁田园，及时清理作物生长过程中的病枝、病叶、病果及作物收获结束后的废弃物（根、茎、叶、杂草等，图1-10至图1-12），有利于防止病虫的滞留和进一步传播，是农业防治病虫害的重要措施之一。对于这些废弃物清理后的进一步处理，可采用深埋、焚烧方法进行。

（七）合理密植

根据品种特性，确定合理的种植密度，及时摘除下部老叶、

棚室南瓜防病虫栽培图解

4

病叶(图 1-13),增加棚内的通风透光条件。

图 1-10　清洁田园

图 1-11　收获后作物废弃物的集中焚烧

图 1-12　收获后棚内清理

图 1-13　及时去掉植株下部的老叶、病叶

二、物理防治

(一)温汤浸种、低温炼苗

温汤浸种是种子表面消毒处理常用的方法。具体操作:将种子浸入 55℃ ~ 60℃ 温水中,不断搅拌,待水温降至 25℃ ~ 30℃ 时即可(图 1-14)。水的用量以埋没种子为准,这个过程需 10 分钟左右。低温炼苗是指在幼苗定植前 1 周,将幼苗置于温度较低的环境下,进行炼苗,以提高幼苗抵御低温的能力。

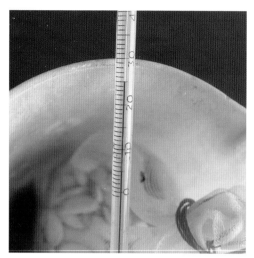

图 1-14　温汤浸种

（二）地表覆膜、高温杀菌

这种防治方法一般用于棚室夏季的空闲时间，在作物换茬的空闲期，在棚内地表铺满薄膜 1 周，利用覆盖产生的高温扑杀害虫、虫卵和病原菌；另一种方法是闭棚高温灭菌，也是在棚室夏季的空闲时间，晴天闭棚 1 周，用棚内产生的高温扑杀害虫、虫卵和病原菌。

（三）驱避虫害

棚室生产驱避虫害的主要方法如下。

第一，通风口设置防虫网（图 1-15 和图 1-16）。

第二，采用黏板粘扑害虫（图 1-17 至图 1-19），目前应用较多的是黄色黏板和蓝色黏板，同时使用，主要扑杀蚜虫和白粉虱，黏板规格为：25 厘米 ×40 厘米，每 667 米^2 悬挂 30 ～ 40 块。

第三，有条件的、规模较大的设施生产区，安装诱虫灯。杀虫灯有频振式杀虫灯、黑光灯、高压汞灯、双波灯，目前应用较多的是频振式杀虫灯，有太阳能电源和交流电电源（图1-20）。

图1-15　塑料钢管棚的通风口

图1-16　日光温室的通风口

图1-17　蓝色黏虫板的黏虫效果

图1-18　黄色黏虫板的黏虫效果

图1-19　日光温室内的黄色、
蓝色黏虫板

图1-20　太阳能频振式杀虫灯

图1-21　盆景南瓜的网棚生产

（四）采用防虫网生产

生产上用40～60目的尼龙纱网，将生产田全覆盖（图1-21），以防止害虫危害作物。

三、生物防治

生物防治是应用各种有益生物防治病虫害，这种方法可以减少部分化学农药的用量，降低农药污染。比较成功的生物防治方法有：一是利用昆虫天敌。利用瓢虫防治蚜虫，利用丽蚜小蜂防治温室白粉虱，利用赤眼蜂、角马蜂防治菜青虫。二是利用微生物天敌。利用苏云金杆菌制剂防治菜青虫等鳞翅目害虫，利用颗粒体病毒防治菜青虫。三是采用农用抗菌素。常用的抗菌素有硫酸链霉素、嘧啶核苷类抗菌素、浏阳霉素等。四是使用昆虫生长调节剂。目前，使用的昆虫生长调节剂有噻嗪酮、吡丙醚等，可用于粉虱类害虫的防治。

四、化学防治

目前，化学防治仍然是棚室蔬菜病虫害控制的主要方法。防治过程中，一是要按照国家标准的要求，使用许可的农药，严禁使用国家禁止使用的农药。二是根据农药的使用说明，进行适宜农药的混合使用，按量、按时使用。三是注意农药使用的间隔期，农药严格按照采收前使用的间隔时间施用，以确保蔬菜产品质量安全。

第二章 南瓜栽培季节与优良品种

一、栽培季节

在我国北方，随着保护设施的广泛应用，南瓜保护地设施栽培日益普及，基本实现周年生产，周年供应（鲜食南瓜）。北方地区栽培南瓜的主要方式有：用现代化温室进行南瓜生产；利用加温式的冬暖大棚进行生产。应用普遍的是日光温室、塑料大棚、塑料小拱棚覆盖生产、地膜覆盖生产和露地生产。保护地生产中，有冬春茬覆盖生产、早春覆盖生产。表2-1罗列了南瓜不同栽培方式下的播期、应市期和栽培条件。

表2-1　南瓜周年栽培主要方式

栽培方式	播　期	应市期	栽培条件
日光温室冬春茬南瓜栽培	9月下旬至10月上旬	翌年1月中旬至6月上旬	日光温室覆盖
日光温室春茬南瓜极早熟栽培	12月中下旬	翌年4月上旬至7月中旬	日光温室覆盖
日光温室春茬南瓜早熟栽培	2月上旬	5月中旬至8月下旬	日光温室覆盖
塑料大棚南瓜早熟覆盖栽培	1月下旬至2月上旬	4月中旬至6月中旬	塑料大棚覆盖
塑料小拱棚南瓜春早熟栽培	2月上中旬	5月中旬至7月中旬	塑料小拱棚覆盖
南瓜地膜覆盖栽培	4月上旬	6月中旬至9月中旬	地膜覆盖

注：表中播期、应市期以陕西关中地区为例。

二、栽培品种

（一）中栗2号

中国农业科学院蔬菜花卉研究所选育（图2-1）。植株蔓生，

生长势强，主侧蔓均可结瓜。瓜近圆形，瓜皮绿色带有白色条纹及斑点。单瓜重1.5～2千克。口感甜面，品质好。苗龄20～25天，生育期100天左右。采用单蔓整枝或双蔓整枝均可，注意进行人工辅

图2-1　中栗2号

助授粉，加强肥水管理。支架栽培每667米²种植1 300～1 500株，每667米²产量2 000千克左右。适于北京、河北等北方保护地及早春露地种植。

（二）永安2号

西北农林科技大学园艺学院选育的早熟杂交一代（图2-2）。印度南瓜类型，生长势强，一般定植后50～55天开花。叶面绿色，无白色花斑，

图2-2　永安2号

叶面积25厘米×25厘米。蔓长2.5～3米,第一雌花节位为6～9节。单瓜重1.5～2千克,最大可达3千克。味甜面,品质好。其主要特点:生长发育快,坐果节位低,早熟性突出,丰产性好,果实为高扁圆形,营养品质好,富含对糖尿病有防治作用的铬元素(为对照含量的7倍)。适于早春保护地早熟覆盖栽培,可在陕西关中地区及同类生态地区推广种植。

(三)永安3号

西北农林科技大学园艺学院选育的早熟杂交一代(图2-3)。印度南瓜类型,生长势强,定植后50～55天开花。叶面绿色,无白色花斑。主蔓结瓜为主,侧蔓较发达,第一雌花节位为6～9节。单瓜重1.5～2千克。味甜面,品质好。其主要特点:生长发育快,坐果节位低,早熟性突出,丰产性好。果实为高扁圆形,瓜皮有红白相间的花斑,瓜肉橘黄色,营养品质好。适于早春保护地早熟覆盖栽培,可在陕西关中地区及同类生态地区推广种植。

图2-3 永安3号

(四)永安4号

西北农林科技大学园艺学院选育的早熟杂交一代(图2-4)。印度南瓜类型,生长势强,一般定植后50～55天开花。叶面绿色,无白色花斑,叶面积25厘米×25厘米。蔓长2.5～3米,主蔓结瓜为主,侧蔓较发达,第一雌花节位为6～9节。单瓜重

图2-4 永安4号

2~3千克，单瓜结籽300~400粒。其主要特点：生长发育快，坐果节位低，早熟性突出，丰产性好，瓜高扁圆形，果实皮色为橘红色，瓜子为白色。口感甜面，后期带香味。耐低温，耐弱光，抗病性优于对照。适于早春保护地和露地栽培，可在陕西关中地区及同类生态地区推广种植。

（五）永安5号

西北农林科技大学园艺学院选育的早熟杂交一代（图2-5）。印度南瓜类型，生长势强，一般定植后50~55天开花。叶面绿色，无白色花斑，叶面积25厘米×25厘米。蔓长2.5~3米，主蔓结瓜为主，侧蔓较发达，第一雌花节位为7~9节。单瓜重1~1.5千克，最大可达2千克。口感甜面，品质好。其主要特点：生长发育快，坐果节位低，早熟性突出，丰产性好。果实为高扁圆形，瓜皮色为红色，伴有红白相间的条斑，瓜肉橘黄色，营养品质好。耐低温，耐弱光，抗病性优于对照。适于早春保护地和露地栽培，可在陕西关中地区及同类生态地区推广种植。

图2-5 永安5号

（六）东　升

台湾农友种苗公司选育的早熟一代杂种（图2-6）。印度南瓜类型，果实厚扁球形，单瓜重1.4千克左右，皮色全红，肉厚，肉质橙色，口感甜面，品质特优。早熟，开花后45天左右采收。耐贮运，较耐白粉病，不耐热。适于冬暖大棚等保护地早熟覆盖栽培。

图2-6　东　升

（七）甜　优

四川省农业科学院园艺研究所选育的一代杂种（图2-7）。植株生长势较强，初花期前为簇生，伸蔓期晚。第一雌花节位7节左右，以后每隔3～5节有一雌花。果实扁圆形，成熟果皮深绿色，有绿色纵向条带，果面光滑。单瓜重1.1～1.3千克，平均单株坐果2.6个。果肉金黄色，肉质致密，干物质含量高，甜而细面，风味极佳。老熟果耐贮运。适宜爬地栽培和搭架栽培，苗龄25天左右，宜适当密植。可采用双行畦沟栽培，畦宽3.5～4米，株距0.5～0.6米，每667米^{2}保苗600～650株。果实老熟后应及时采收。

图2-7　甜　优

（八）红　运

四川省农业科学院园艺研究所选育的一代

图 2-8 红运田间表现

杂种（图 2-8）。植株生长势中等，第一雌花节位 10 节左右，以后每隔 3～5 节位有一雌花。主、侧蔓均可坐果。果实高扁圆形，幼果黄色，老熟果大红色，耐贮运。平均单瓜重 1.3 千克，单株坐果 2～3 个。果肉橙黄色，肉质致密，干物质含量高，甜而细面，风味极佳。一般每 667 米^2 产量为 1 500 千克。适宜爬地栽培和搭架栽培，苗龄 25 天左右，瓜苗具有 2 片真叶后及时移栽，行株距 2 米 ×0.8 米，每 667 米^2 保苗约 500 株，2～3 蔓整枝。果实老熟后应及时采收。

（九）永安 1 号

西北农林科技大学园艺学院选育（图 2-9）。印度南瓜与中国南瓜杂交而成的远缘杂交种，植物学特性主要表现为中国南瓜类型。生长势强，一般定植后 55 天开花。叶面绿色，有白色花斑。瓜高扁圆形，瓜皮色为黑色至橘黄色。口感甜面，品质好。单瓜重 2 千克左右，最大可达 3.5 千克。其主要特点：营养品质好，富含对糖尿病有防治作用的铬元素（为对照含量的 3.7 倍）。

图 2-9 永安 1 号

适于早春保护地和露地栽培，可在陕西关中地区及同类生态地区推广种植。

（十）众生南瓜

安徽荃银高科种业股份有限公司选育的中国南瓜极早熟种（图2-10）。植株长势稳健，雌花节成性好，连续坐果力强。果实梨形，嫩果绿花皮，成熟果黄花皮，重蜡粉，肉浓黄色，质地紧细，粉甜，品质优。单果重1~2千克。在喜食嫩果及西葫芦地区前期可连续采收嫩果上市，中后期采收老熟果。适宜在全国各南瓜产区广泛栽培种植，采用日光温

图2-10 众生南瓜

室、大棚、小棚、露地等立式或地爬栽培均可，根据栽培方式及密度进行单蔓或双蔓整枝。

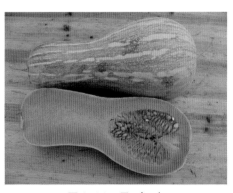

图2-11 早丰蜜

（十一）早丰蜜

安徽荃银高科种业股份有限公司选育的中国南瓜早熟种（图2-11）。植株长势稳健，主蔓第一雌花在7~8节，雌花多，易坐果，连续坐果力强。前期可采嫩果上市，中后期保

留老果。果实长粗棒形，嫩果绿花皮，成熟果黄花皮，重蜡粉，肉深橙红色，质地细粉，味甜，有香味，品质优。单果重 3 ～ 3.5 千克，大者可达 6 千克以上。适宜在我国各南瓜产区广泛栽培种植，采用日光温室、大棚、小棚、露地等立式或地爬栽培均可。在华北、东北及内蒙古等地露地栽培，前期可利用保护地早育苗。根据栽培方式及密度进行单蔓或双蔓整枝。

（十二）白籽荃鑫

安徽荃银高科种业股份有限公司选育的印度南瓜早熟种（图 2-12）。植株长势稳健，耐热性强，分枝少，易栽培。果实厚扁

图 2-12 白籽荃鑫

球形，果皮橘红色，肉橙红色，肉色一致无绿斑，质地细粉，品质优。雌花多，易坐果，单果重 2 ～ 4 千克，大者可达 5 千克以上。宜选用土层深厚的沙壤土种植，施足基肥，多施钾肥少施氮肥，及时追肥，生长期间不可脱肥，否则易造成早衰而减产。宜选留第二、第三雌花坐果，根瓜偏扁，远节位瓜易畸形。

（十三）荃银银蜜

安徽荃银高科种业股份有限公司选育的印度南瓜中早熟种（图 2-13）。前期短蔓，植株长势稳健，抗性较强，易栽培。果实厚扁球形，灰白皮，肉色橙红，粉质高，水分少，有香味，品质极优。单果重 2 ～ 3 千克，较适合作加工用栽培生产。宜选用

土层深厚的沙壤土种植，施足基肥（以有机肥为主），适时追肥，生长期间不可脱肥，否则容易早衰而造成减产。

图 2-13　荃银银蜜

（十四）迷你 156

安徽荃银高科种业股份有限公司选育的高档特色优质南瓜早熟种（图 2-14）。植株长势稳健，叶片中小，叶柄短，长相好。雌花多，易坐果，单株可坐果 6 ～ 8 个。果实厚扁球形，墨绿皮，果面光滑，外观秀丽。肉橙黄色，肉质特粉，品质极优。单果重 300 ～ 400 克。宜在大棚立式栽培，行距 1.2 米，株距 0.4 米，每 667 米^2 保苗 1 300 株，单蔓整枝，每株留果 4 ～ 6 个。可作观光采摘及精品南瓜种植。

图 2-14　迷你 156

（十五）迷你荃鑫

安徽荃银高科种业股份有限公司选育的高档特色优质南瓜早熟种（图 2-15）。植株长势稳健，叶片中小，叶柄短，长相好。雌花多，易坐果，单株可坐果 6 ～ 8 个。果实厚扁球形，金红皮，果面光滑，外观秀丽。肉橙红色，肉质粉甜，品质优异。单

果重 300 ~ 400 克。宜在大棚立式栽培，行距 1.2 米，株距 0.4 米，每 667 米^2 留苗 1 300 株，单蔓整枝，每株留果 4 ~ 6 个，可作观光采摘及精品南瓜种植。

图 2-15　迷你荃鑫

（十六）红　栗

安徽江淮园艺科技有限公司选育的西洋类型南瓜一代杂交种（图 2-16）。早熟，生长势强，第一雌花节位在 8 节左右，以后每 4 ~ 5 节出现 1 朵雌花。全生育期 85 天。果实扁球形，果面红色，果色亮丽。果肉橙红色，肉质紧细，品质较好。易坐果，单株可坐果 2 ~ 3 个，单果重 2 千克左右。抗病毒病能力较强。每 667 米^2 产量可达 3 000 千克，且产量稳定。

图 2-16　红　栗

（十七）江淮大果蜜本

安徽江淮园艺科技有限公司选育的中国南瓜一代杂交种（图 2-17）。生长势旺，易坐果，第一雌花节位在 15 节左右，以后每 4 ~ 5

节出现1朵雌花。果实长葫芦形，单果重4～5千克。肉厚质细，糖分高，口感风味好，特耐贮运。嫩果黄绿色，成熟果深黄色，嫩、老熟果实均可食用，但采收后贮存20天后品质更优。果面蜡粉重，抗病毒病、枯

图2-17　江淮大果蜜本

萎病、炭疽病等多种病害，适合各种土壤栽培。属短日照品种，北方地区栽培必须先进行引种试验。

（十八）江淮早蜜本

安徽江淮园艺科技有限公司选育的中国南瓜一代杂交种（图2-18）。早熟，转色快，生长势强，极易坐果，连续坐果性强。

图2-18　江淮早蜜本

平均单果重3.5千克，单株坐果4～5个，产量高而稳定，耐贮运。嫩果浅白色带蜜本特有斑点，成熟果黄色，有蜡粉。从嫩果到转黄不会发生其他颜色变化，越冬栽培更加突出，抗病毒病、炭疽病等多种病害。每667米²栽种300～500株。坐果期若遇阴雨天气，可采用人工辅助授粉，帮助坐果。

（十九）黄金二号

安徽江淮园艺科技有限公司选育的印度南瓜一代杂交种（图2-19）。生长势强，极易坐果且坐果整齐，全生育期95天左右。

图2-19　黄金二号

果实厚扁球形，果面红色，色彩美丽，单果重3千克左右。果肉橙红色，肉质紧细，品质好。高产稳产，商品性佳。多使用有机肥，勤施膨果肥，以便多坐果。每667米^{2}栽400～500株，株距0.4～0.7米，行距3米。注意预防病毒病和白粉病，以免影响果实的着色和产量，待果实完全转红后选晴天采收。

（二十）桔　瓜

江苏省苏州市蔬菜研究所选育的鲜食、观赏兼用的春秋保护地专用南瓜品种（图2-20）。生长势中等，极易形成雌花，单株结果率高，能连续结果。果实扁圆形，果皮淡黄色，有10余条浅沟，沟色深黄，果面蜡质感强，极具观赏性。肉质细腻，味甜糯，品质极佳。单果重200～300克，最大果可达500克，

图2-20　桔　瓜

耐贮藏。花后30天可采收嫩瓜，老熟瓜需花后45天，每667米²产量可达2000千克。

（二十一）小青王子

江苏省苏州市蔬菜研究所选育的早熟一代杂种（图2-21）。易坐果，连续结果能力强，单株结果数可达10～12个。皮色青，肉黄，果实扁盘形。单果重400～500克。肉质细腻，味甜糯，品质佳，产量高，抗病性强，可食用，亦可观赏。适宜春秋季保护地栽培，育苗、直播均可。苏州地区2月份即可育苗，2月底至3月初保护地可直播，秋季一般在8月中旬直播。坐果后28～30天即可采收嫩瓜，40～45天后可采收老熟瓜。

图2-21　小青王子

（二十二）小红灯笼

图2-22　小红灯笼

江苏省苏州市蔬菜研究所选育的早熟一代杂种（图2-22）。易坐果，连续结果能力强，单株结果数可达10～12个。皮色红，肉色黄，果实略圆，单果重400～500克。肉质细腻，味甜糯，品质佳，产量高，抗病性强，可食用，亦可观赏。适宜春秋季保护地栽培，育苗、直播均可。苏南地区 2 月份即可育苗，2 月底至 3 月初保护地可直播，秋季一般在 8 月中旬进行直播。坐果后 28～30 天即可采收嫩瓜，40～45 天后可采收老熟瓜。

（二十三）板 栗 王

江苏省苏州市蔬菜研究所选育的中国南瓜类型一代杂种（图

图 2-23　板 栗 王

2-23）。植株生长势强，成花较早，易坐瓜，平均单株结果数 4～5 个，连续结果能力强。果实表面有纵棱，果皮幼时墨绿色，老熟砖红色，有蜡粉，商品性好。果肉橘黄色，单果重 1～1.5 千克，味甜糯，

产量高，抗病性强。苏南地区春季大棚栽培一般于 2 月中旬播种，3 月上旬、苗龄 4～5 片真叶时定植。多采用架式栽培，环架或人字架均可。自开花至老熟瓜采收需 40～45 天。

（二十四）甘 红 栗

甘肃省农业科学院蔬菜研究所育成的红皮小型南瓜一代杂交种（图 2-24）。早熟短蔓，生长前期表现出明显的短蔓性状，第二个瓜坐住后蔓长仅 0.4～0.5 米。

图 2-24　甘 红 栗

坐果能力强，可连续坐果 2 ～ 3 个。果实扁圆形，单果重 1 千克左右，深橘红色皮，商品率高。果肉厚 3.1 厘米，深橘黄色，色泽鲜亮，肉质致密，口感甘甜细糯，品质极佳。栽培株距 55 厘米，行距 80 厘米＋70 厘米，双行定植，一般每 667 米² 栽植 1 600 株。每 667 米² 产量 2 500 千克左右。适于春露地或保护地栽培。

（二十五）甘香栗

甘肃省农业科学院蔬菜研究所 2007 年育成的绿皮小型印度南瓜一代杂交种（图 2-25）。生长势强，早熟，第一雌花着生在主蔓 9 ～ 11 节，单株结果数 1 ～ 2 个。果实扁圆形，果皮深绿色带浅绿色条纹，果面光滑亮泽，平均单果重 1.5 千克。果肉厚 3.2 厘米，肉质致密。口感甜面，具有板栗香味。

图 2-25　甘香栗

果实耐贮性好。可进行单蔓或双蔓整枝。单蔓整枝，爬地栽培株距 55 ～ 60 厘米，行距 170 ～ 200 厘米，搭架栽培行距 80 厘米，春露地栽培每 667 米² 产量一般为 2 000 ～ 2 500 千克。

（二十六）嫩早 1 号

湖南省蔬菜研究所、湖南兴蔬种业有限公司选育的以食嫩瓜为主的南瓜品种（图 2-26）。生

图 2-26　嫩早 1 号

长势强，早熟，耐寒，较耐热，丰产，抗病。从定植至嫩瓜始收35～45天。第一雌花节位8～12节，果实膨大快，适温下开花后7～10天采收嫩瓜，以嫩瓜供食为主。前期低温下雌花先于雄花开放，可用同期开放的西葫芦雄花涂花，或用防落素喷花即可坐瓜。在嫩瓜皮色由浅变深前采收为佳。适作春季露地、保护地早熟栽培和夏秋栽培。一般每667米^{2}产嫩瓜3 000千克左右。

（二十七）迷你系列南瓜

上海市农业科学院园艺研究所选育的鲜食、观赏兼用的南瓜品种，有迷你橘瓜、迷你红、迷你青南瓜（图2-27和图2-28）。果实扁圆形，皮色有橘红色并伴有金黄色竖条纹、深绿色并伴有灰白色竖条纹，肉色橙红，观赏性好。果实口感香甜粉糯，品质极佳。一般单果重200～300克，迷你青单果重可达500克。贮藏期2～3个月，观赏期可达6个月。该系列品种适宜春秋保护地栽培。

图2-27 迷你青

图2-28 迷你红

（二十八）观赏与鲜食兼用系列南瓜

观赏与鲜食兼用系列南瓜是西北农林科技大学园艺学院选育的鲜食、观赏兼用的南瓜品种，有迷你桔、迷你玉、迷你黑、迷你灰、代代红（图2-29至图2-33）。果实扁圆形或近圆形，皮色有红色、橘红色、白色、墨绿色、灰色或混合色，观赏性好。果实口感香甜粉糯，品质极佳。单果重 300～500 克。贮藏期、观赏期长。适宜春秋保护地栽培。

图 2-29　迷你桔

图 2-30　迷你黑

图 2-31　迷你玉

图 2-32　代代红

图 2-33　迷你灰

第三章　南瓜栽培主要棚室类型及其建造

一、智能温室

可控温度、湿度的现代化温室（智能温室）是目前最为先进的南瓜栽培设施，由于栽培成本比较高，多用于高档南瓜的栽培。温室内有栽培床、栽培槽，栽培床主要用于育苗、观赏南瓜类作物（盆景）栽培，栽培槽多用于高档鲜食南瓜、观赏南瓜栽培。

这类温室的设计、建造一般由专业公司建设，包括温室内的给水系统、供热系统、降温系统、遮阳系统、通风系统及其相应的感应、操作控制系统。并有市售的栽培床、栽培槽、栽培基质等配套设施（图3-1和图3-2）。

图3-1　塑料温室＋土壤＋吊蔓栽培

图3-2　玻璃温室＋栽培槽＋基质＋吊蔓栽培

二、日光温室

日光温室是南瓜栽培的设施之一，有多种类型。

（一）日光温室的主要类型

1．**可加温日光温室**　这种温室投资较大，一般由砖墙、保温板、集中供热或大锅炉供暖（水暖）等配套组成，受外界气候影响小，棚内温度稳定、均匀（图3-3）。

2．**可加温、喷雾（水）日光温室**　这种温室是由普通日光温室改造而成，一般加建一个土锅炉、喷水系统，对于育苗特别有利，投资小，功能全（图3-4）。

图3-3　加温日光温室平畦地膜滴灌栽培

图3-4　加温日光温室＋喷淋系统育苗

3．**无支架钢管日光温室**　这种温室有2种，一种是由砖墙、保温板、保温被等配套组成，外表比较漂亮，后墙防雨效果较好，但投资较大（图3-5）；另一种后墙为土墙，为了防雨，后墙外表多用砖裱一层，或上缘、后墙面有遮雨物，墙的厚度从1.2～4.5米不等，保温效果较好，经济实惠（图3-6）。

4．**木支架竹混日光温室**　这种温室土墙、木支柱，投资小，相对简陋（图3-7）。

5．**水泥柱支架竹混日光温室**　和前种温室基本相同，投资小，回收速度快，受一般小农户喜爱（图3-8）。

图 3-5　无支架钢管日光温室高垄地膜吊蔓栽培

图 3-6　无支架钢管土墙日光温室

图 3-7　木支架日光温室

图 3-8　水泥柱支架日光温室平畦地膜栽培

（二）日光温室的选址和建造

日光温室的类型较多，但温室选址与场地规划、同一材质建造的基本方法是相同的，只是在长、宽、高的数据上不同。建造时，可根据自己设计的数据进行建造。在此以山东Ⅲ型、山东Ⅳ型、山东Ⅳ型（寿光型）的结构为例，介绍日光温室的建造方法。

1. 日光温室选址与场地规划的基本要求

日光温室的位置应符合无公害蔬菜产地环境条件的规定。并要求土层深厚，地下水位低，富含有机质，无污染。温室所建的地方周围无遮阳物，通风条件好但不能位于风口处，排、灌方便，水质良好。

场地规划要求：温室方位坐北朝南，东西延长，其方位以正南为佳。若因地形限制，采光屋面达不到正南向时，方位角偏东或偏西不宜超过5°。温室的长度以50～80米为宜，此范围内单位面积造价相对较低，室内热容量较大，温度变化平缓，便于操作管理。前、后温室的间距应为前栋温室最高点高度的2.5～3倍。

2. 日光温室的建造

（1）墙体　日光温室的墙体分土墙和砖墙2种。

土墙厚度因地区不同而异，基部厚度范围在100～450厘米，顶部在80～150厘米。可采用板打墙、草泥垛墙、土坯砌墙、推土机筑墙。后墙离地面100厘米处留通风窗，规格50厘米×40厘米，窗框用水泥预制件。北方秋季多雨，后墙（土墙）常因漏雨坍塌，因此墙顶或后墙表面应做防雨处理（图3-9和图3-10），可用水泥预制板封严，或用石棉瓦盖顶，或用塑料膜盖于墙外表面，再覆盖布毯（图3-11）。墙内铲平抹灰（图3-12）。

图3-9　墙顶处理（盖石棉瓦）

图3-10　墙顶墙外表处理

图3-11　墙外表处理

图3-12　墙内处理

砖墙厚度一般在 55 ～ 80 厘米之间，由 24 墙、12 墙、保温层组成（图 3-13 至图 3-15）。砖墙厚度主要受填充的隔热材料影响，隔热材料可用干土、蛭石、珍珠岩、保温苯板。为保证墙体坚固，需开沟砌墙基。墙基深度 40 ～ 50 厘米，挖宽 100 厘米的沟，填入 10 ～ 15 厘米厚的掺有石灰的二合土，夯实。然后用砖砌垒。当墙基砌到地面以上时，为了防止土壤水分沿墙体上返，需在墙基上铺两层油毡纸或塑料薄膜。大跨度日光温室（内跨度 9 米以上）在北墙设双层通风窗，规格为 50 厘米 ×40 厘米。

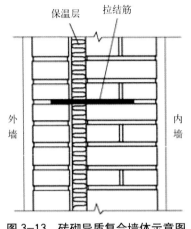

图 3-13　砖砌异质复合墙体示意图

图 3-14　砖墙墙体

图 3-15　保温苯板

（2）后屋面　有后排立柱的日光温室可先建后屋面，后上前屋面骨架。为保证后屋面坚固，后立柱、后横梁、檩条一般采用水泥预制件（或钢材）。后立柱埋深 40～50 厘米，需立于石头或水泥预制柱基上，上部向北倾斜 5～10 厘米，防止其受力向南倾斜。后横梁置于后立柱顶端，东西延伸。檩条的一端压在后横梁上，另一端压在后墙上。将立柱、横梁、檩条固定牢固。

无立柱日光温室（图 3-16）可先建屋面骨架。后屋面可先用水泥预制件封严，再用保温材料覆盖。保温材料多用蛭石、苯板或农作物秸秆。保温材料之上再用水泥预制板或 1:3 水泥砂浆炉渣灰覆盖成上坡下平，

图 3-16　无立柱温室的后屋面

厚度 5～15 厘米，便于人操作时走动。为了便于卷放草苫，可在距屋脊 60 厘米处，用水泥做一小平台。

（3）骨架　骨架可分为 3 种类型。

① 水泥预制件与竹木混结构　后立柱为 10 厘米 ×10 厘米钢筋混凝土立柱，中立柱为 9 厘米 ×9 厘米钢筋混凝土立柱，前立柱为 8 厘米 ×8 厘米钢筋混凝土立柱。后横梁为 10 厘米 ×10 厘米钢筋混凝土柱。前纵肋用 6～8 厘米的圆竹。后坡檩条用 10～12 厘米的圆木。主拱杆用直径 9～12 厘米的圆竹，副拱杆用直径 5 厘米左右的圆竹。用 10～12 号冷拔钢丝东西向如拉琴弦，每 25～30 厘米拉 1 道。用 12 号铁丝绑拱杆、横杆。

② 钢架竹木混结构　立柱为 50 毫米无缝镀锌管，主拱梁为直径 27 毫米无缝镀锌管 2～3 根构成，副拱杆为直径 5 厘米左

右的圆竹。后横梁用 50 毫米 ×50 毫米 ×5 毫米角铁或直径 60 毫米无缝镀锌管。中纵肋、前纵肋用直径 21 毫米、27 毫米无缝镀锌管或 12 毫米圆钢。后坡檩条用 40 毫米 ×40 毫米厚度为 4 毫米角铁或直径 27 毫米无缝镀锌管。用 10 ~ 12 号冷拔钢丝东西向拉琴弦，每 25 ~ 30 厘米拉 1 道。用 12 号铁丝绑拱杆、横杆。

③钢架结构无立柱或有立柱(立柱用 50 毫米无缝镀锌管) 有立柱的主拱梁用直径 27 毫米无缝镀锌管 2 ~ 3 根，副拱杆用直径 27 毫米无缝镀锌管 1 根。后横梁用 40 毫米 ×40 毫米 ×40 毫米角铁或直径 34 毫米无缝镀锌管。后坡纵肋、中纵肋、前纵肋可用直径 21 毫米无缝镀锌管。无立柱的一般用双拱钢管，上弦钢管用直径 33 毫米钢筋，下弦钢管用直径 15 毫米钢筋，上弦与下弦之间用直径 10 毫米钢筋。

(4) 覆盖物　包括透明覆盖物和不透明覆盖物。

透明覆盖物主要采用 PVC 膜(厚度 0.1 毫米)、PE 膜(厚度 0.09 毫米)、EVA 膜(厚度 0.08 毫米)。薄膜透光率使用后 3 个月不低于 85%，使用寿命大于 3 个月，留滴防雾持效期大于 6 个月。不透明覆盖物主要有草苫、保温被。

此外，与日光温室建设配套的有手动卷帘机、自动卷帘机、手动卷膜机和压膜线(图 3-17)。温室类型不同，薄膜的固定方式也不同(图 3-18 和图 3-19)。

图 3-17　手动卷膜机和压膜线固定

图 3-18　棚膜在山墙端
的固定（砖墙）

图 3-19　棚膜在山墙端的固定（土墙）

三、钢管塑料大棚

（一）钢管塑料大棚的主要类型

钢管塑料大棚的类型较多，有固定的型号规格。南瓜栽培采用较多的是：单钢管 6 米型塑料大棚（图 3-20），双钢管 6 米型塑料大棚（图 3-21），双钢管 9 米型塑料大棚（图 3-22），单钢管 8 米型塑料大棚（图 3-23），单钢管 9 米型塑料大棚（图 3-24）。塑料大棚的跨度与钢管的材质、粗度以及管材的密度有关系。

图 3-20　塑料钢管棚高垄
滴灌爬地栽培

图 3-21　双钢管塑料大棚（6 米）

图 3-22　双钢管塑料大棚（9 米）　图 3-23　塑料钢管棚高垄地膜吊蔓栽培

图 3-24　单钢管塑料大棚（9 米）

（二）钢管塑料大棚的建造

　　钢管塑料大棚选址和场地选择基本同日光温室。可以自己建造，也可以委托专业公司建造。从建造过程可以分为直接插建和通过圈梁间接插建。

　　1. **直接插建**　先平整地面并找准水平面，再按照图纸要求画线，按拱架距离打孔。孔的深度为 40 ～ 50 厘米。插拱杆并进行连接，按照图纸安装几道拉杆和固膜槽，最后安装薄膜和压膜线（图 3-25 至图 3-27）。

图 3-25　直接插建大棚之一

图 3-26　直接插建大棚之二

图 3-27　直接插建大棚之三

　　2. 圈梁间接插建大棚　先平整地面并找准水平面,夯实圈梁处,建造圈梁(图 3-28 和图 3-29)。圈梁为混凝土现浇或砖混结构。圈梁长度一般为 50 米,规格为 25 厘米 × 30 厘米。建造圈梁同时,按照拱杆距离要求埋插座(图 3-30)。待圈梁凝固后,安装拱杆(图 3-31)、拉杆、固膜槽,覆盖薄膜(图 3-32),安装压膜线并安装手动型卷膜机(图 3-33 和图 3-34)。压膜线下端一般固定在棚底部的压膜槽上或通过地锚埋在土中。压膜线的多少依当地刮风的大小和次数而定。

图 3-28　砖混圈梁结构

图 3-29　混凝土现浇圈梁

图 3-30　混凝土现浇圈梁上的插座

图 3-31　安装拱杆

图 3-32　覆　膜

图 3-33　安装压膜线

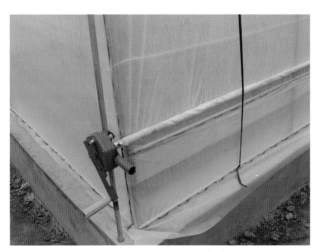

图 3-34　手动卷膜机安装

四、竹混结构塑料大中棚

（一）竹混结构塑料大中棚的类型

这种类型的大棚随意性较大，主要受取材方便的程度、种植者投资能力的大小、气候等因素的影响。常见的类型如图 3-35 至图 3-46 所示。

图 3-35　单柱型塑料中棚（5 米）

图 3-36　三柱型塑料中棚

图 3-37　双柱型塑料中棚　　　　图 3-38　无支柱塑料中棚

图 3-39　单柱型塑料大棚（6 米）　图 3-40　无支柱竹混（水泥）
　　　　　　　　　　　　　　　　塑料大棚

图 3-41　多支柱塑料大棚（8 米）　图 3-42　混凝土骨架塑料大棚

（二）塑料大中棚的建造

竹混塑料大中棚建造相对比较容易，一般自己可以建造。建

图 3-43　无支架混凝土塑料棚高垄地膜爬地栽培

图 3-44　钢混结构塑料棚高垄地膜吊蔓栽培

图 3-45　大跨度竹混棚平畦地膜吊蔓栽培

图 3-46　大跨度竹混棚 4 膜覆盖吊蔓栽培

造的程序基本同钢管塑料大棚，对于无立柱大中棚，画线定位后先插拱杆，使其呈拱形，再安装几道拉杆。对于有立柱大中棚，画线定位后，先埋立柱（埋立柱深度 30～50 厘米），大棚两端的立柱向棚外方向倾斜 30° 左右（图 3-47）。安装棚脊或脊绳（一般为

图 3-47　埋　立　柱

冷拔钢丝绳），脊绳两端用地锚（石头）固定（图 3-48），其后再
插拱杆和固定拱杆（图 3-49 和图 3-50）。如果是大跨度大棚，可
先安装顶部拱杆，再安装侧面的拱杆。拱杆的材质可以是水泥预
制件、钢管、竹竿，也可以是混合型。竹竿的粗度从直径 3 ～ 12
厘米不等。用细铁丝或绳将拱杆固定在脊梁或脊绳上（图 3-51 和
图 3-52）。大跨度大棚，拱梁有时为水泥预制件或直径 10 厘米
的竹竿，立柱与拱梁的固定一定要牢，同时防止划破薄膜（图 3-53
和图 3-54）。棚膜的固定方式较多，但注意与薄膜接触，防止划
破（图 3-55）。

图 3-48　下脊线地锚（石头）

图 3-49　插 拱 杆

图 3-50　固定拱杆

图 3-51　固定拱杆（大
跨度棚先顶部后侧面）

图 3-52　侧面拱杆的固定

图 3-53　拱杆在立柱上的
固定方式之一

图 3-54　拱杆的固定方式之二

图 3-55　塑料大棚棚膜的固定

五、塑料小拱棚

（一）塑料小拱棚的类型

这类棚型随意性更强。主要是随南瓜生长需要而定。主要有以下 3 种类型。2.4 米型棚跨度为 2.4 米，一般高度 1.1 米左右，正好用宽 4 米的薄膜覆盖；4 米型棚跨度为 4 米，一般高度 1.3 米左右，正好用 6 米宽的薄膜覆盖；1.2 米型棚跨度为 1.2 米，一般高度 0.5 米，正好用 2 米宽的薄膜覆盖。

（二）塑料小拱棚的搭建

图 3-56　修　渠

这类棚的搭建相对简单，一般生产者结合整地自己搭建。以搭建 2.4 米型棚为例，介绍建棚过程（图 3-56 至图 3-62）。程序是先整平土地，按照种植计划做灌溉渠，再做畦。畦梁要宽，畦梁心要踩实（以便插杆埋薄膜），施入基肥，整平畦面，然后插杆，绑拱杆、脊杆、肋杆，最后覆盖薄膜。绑杆时特别注意，绳子一定要绑紧，避免松动。

图 3-57　做　畦

图 3-58　施　肥

图 3-59　插拱杆

图 3-60　绑拱杆

图 3-61　杆的接头

图 3-62　绑杆成棚

第四章　棚室南瓜高效栽培技术

一、南瓜春季日光温室早熟覆盖栽培

利用日光温室和塑料大棚春季早熟覆盖种植南瓜是我国南瓜早熟栽培的主要方式。长江流域多用塑料大棚覆盖栽培，长江以北及华北、西北地区，日光温室略多于塑料大棚，其栽培技术基本相同，只是播期有差异，同一地方采用日光温室栽培，其播期比塑料大棚栽培要早。一般12月下旬至翌年2月中下旬播种，2月中旬至3月中下旬定植，采收期4～5月份。在此以日光温室为例，介绍南瓜春季日光温室早熟覆盖栽培技术。

（一）培育适龄壮苗

育苗是南瓜春季早熟覆盖栽培的重要环节。由于育苗处于低温期，能否适时培育出适龄壮苗成为实现早熟、丰产栽培目标的前提。

1. 播前准备

（1）播期的确定　确定播期的依据：一是定植的时间，涉及上茬作物腾地的时间。二是育苗棚内的给温能力。温度能随时完全满足需求的，育苗时间较短；不能完全满足需求的，则需时间较长。目前，南瓜在温室育苗较多，一般隆冬季节育苗苗龄20～30天。冷床育苗苗龄更长。

（2）育苗床的准备　育苗床可设在加温温室、日光温室、塑料大棚之中，个别也有用阳畦或冷床育苗。育苗床，多数为冷床育苗,也有用温床育苗。热源有电热线、有机酿热物和电炉丝加热。有的地方为保证育苗质量和出圃时间,采用温室＋温床育苗或温室＋冷床育苗＋电热线,效果很好。值得注意的是,此期育苗正值隆冬季节,育苗土应在冬前准备好,特别是所需的腐熟有机肥,一定要在温度高的夏季堆沤腐熟。营养土中的所有有机物质必须是腐熟的,培养土中若混有未腐熟的有机质会引起土壤虫害。苗床准备必须在播种前10天完成。

（3）育苗土的配制　培育无病菌的壮苗,要求营养土必须具备一定肥力,质地疏松且无病虫害。具体做法是：用未种过瓜类作物的大田表土,常以种过葱蒜类蔬菜的园土为好,与腐熟过筛的优质有机肥料(以马粪、鸡粪、羊粪为佳),按7：3或6：4或5：5的比例混合而成。若土质黏重,则可加入一定量的炉灰、沙子、石灰石等；若肥力不够,则可加入适量的化肥。一般每立方米营养土加尿素500克、磷酸二氢钾300克,充分混匀。在上述营养土中加入消毒剂进行消毒,即每1000千克营养土中加50%多菌灵可湿性粉剂100克,或2.5%敌百虫可湿性粉剂100克,或65%代森锌可湿性粉剂300～400克,或用200～300毫升福尔马林(40%甲醛)加水25～30升喷洒后闷2～3天。上述药剂与营养土混匀后堆放备用。

无土育苗基质配制：由于穴盘腔小,基质容量少,因此要求基质营养丰富,持水能力强,基质与穴盘不容易粘连,利于取苗。一般要求配制专门的育苗基质。目前市场上有专用的育苗基质,如果基质用量大,可以自己配制。推荐的配方为：草炭0.75米^3,蛭石0.13米^3,珍珠岩0.12米^3,石灰石3千克,过磷酸钙(20%五氧化二磷)1千克,三元复合肥(氮、磷、钾比例为15：15：15)1.5千克,消毒干鸡粪10千克；或草炭0.7～0.8米^3,蛭石0.2～0.3米^3,硝酸铵700克,过磷酸钙(20%五氧化二磷)

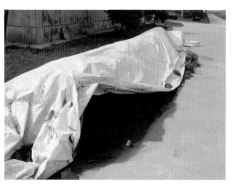

图4-1 无土基质闷制与保存

700克，酌情加石灰石以调节基质使pH值达到6.8左右。上述原料应充分混匀，之后闷制保存（图4-1）。穴盘用育苗基质不能用黏质土壤，否则取苗困难。

（4）育苗容器 包括营养钵育苗和穴盘育苗。营养钵育苗是一项重要的护根措施，常用的类型及其制作方法如下。

①纸筒营养钵 先用马口铁做成模具，规格为7厘米×7厘米×10厘米的方盒，或直径为10厘米的圆柱筒，底部焊接上一个把，将旧报纸裁成长35厘米、宽13～17厘米的纸条，将营养土装入模具内。然后把裁好的纸条裹在模具外面，将模具口部的报纸向内折成钵底，倒扣在苗床内，再拔出模具，将纸筒排放整齐，不留空隙（图4-2）。摆放时使纸筒的一侧有依靠，免得纸筒散开。装土时，土不能装得过满，一般

图4-2 纸筒营养钵

离上缘1～1.5厘米。播种前浇水时一定要没过纸袋，避免浇水不均而影响育苗效果。

②塑料营养钵 是近年来蔬菜育苗使用较普遍的方式。塑料

棚室南瓜防病虫栽培图解

营养钵用聚乙烯塑料压制而成，钵壁厚 0.1 厘米，质软，多数产品为圆形，上口略大，底部有水孔，如小花盆状。塑料营养钵的规格较多，南瓜一般使用上口径为 8 ~ 10 厘米的塑料钵。塑料营养钵可用无土基质，也可以用普通营养土。注意：装钵的营养土（基质）不能太满（图 4-3）；营养钵摆放的宽度以 1 ~ 1.2 米为宜，过宽不便于幼苗管理（图 4-4）。

图 4-3　塑料营养钵装钵

图 4-4　营养钵摆放

　　③塑料育苗穴盘　穴盘是近年来蔬菜育苗较先进的器具，与现代化的育苗方式、温室生产、机器播种相配套。塑料育苗穴盘多用聚乙烯塑料压制而成，盘壁厚 0.1 ~ 0.3 厘米。南瓜类蔬菜育苗一般使用的是 70 孔或 56 孔穴盘，并采用以草炭为主要原料的育苗基质，不能采用含土的育苗基质或营养土。装盘与摆放见图 4-5 至图 4-7。

图 4-5　装　盘

图 4-6　刮　平

图4-7 穴盘的摆放

2．种子处理与催芽

（1）精选种子　品质好新鲜的种子，其表面具有光泽，发芽率高；陈旧种子无光泽，发芽力低（图4-8）。秕籽、虫蛀、带病伤、

破碎的种子容易引起出苗困难或导致幼苗残次（图4-9和图4-10）。筛选种子时应清除杂籽、秕籽及虫蛀、带病伤、破碎的种子，选留籽粒饱满、完整的种子。一般每667米^{2}用种量为200克左右。

图4-8 种子精选

图4-9 不饱满种子导致的残缺苗

图4-10 不饱满种子导致幼苗不健康

（2）种子处理　由于南瓜种子上可能带有枯萎病、炭疽病、疫病等多种病原菌，因此一般多采用温汤浸种和其他种子表面消毒的方法处理种子（温汤浸种具体操作见第一章第一部分有关内容）。药剂消毒常用 0.1% 多菌灵浸种 1 小时，用清水冲洗后再用清水浸种 6 ~ 8 小时，或用 0.1% ~ 0.2% 高锰酸钾溶液浸种 30 分钟，或用 1% 硫酸铜溶液浸种 5 分钟，或用 40% 甲醛 150 倍液浸种 90 分钟。药剂消毒一般要求在浸种前进行，药剂浸种后应立即用清水冲洗，以免发生药害。浸泡所用药液温度为 30℃，药液浓度不能过高或过低。

（3）催芽　种子经过上述方法处理后，淘洗几遍，捞出清洗，将种子表面的黏液污物洗去，去水甩干，用布包好，置于恒温箱中使之处于 25℃ ~ 28℃ 条件下催芽，催芽过程中要常翻动种子（每天翻动 1 ~ 2 次），使种子均匀感受温度，经 2 天左右便开始出芽（图 4-11），大部分种子露白芽时便可播种（图 4-12）。

图 4-11　分拣未出芽种子

图 4-12　适宜播种的芽态

3. **播种**　播种前给苗床内事先摆好的营养钵、营养袋、纸钵或床土中浇水，水要浇透。水渗下后，上覆一层干的培养土（0.3 厘米厚），即可播种。每营养钵（方块）内点播 1 ~ 2 粒萌发的种子。采用营养钵育苗的，播种时种子平放，芽端向下，播后立即覆盖 1 ~ 2 厘米厚的培养土。采用切块育苗的，用刀在床面按 10 厘米见方切成方格，在方格中央播种。播种后覆盖培养土2～3厘米，厚度要均匀。之后应覆盖地膜以保持苗床的温度和湿度，经1周左右即可出苗。当70%～80%的幼苗开始拱土时必须及时去掉地膜，以免烧苗。穴盘育苗时，先用拇指轻压穴中基质，使其下陷1厘米左右（图4-13），平放发芽种子（图4-14），覆基质1～2厘米（图4-15），覆膜保墒（图4-16）。播种时注意胚尖朝下，如果朝上，可能导致露根（图4-17）。播后覆土不能太薄，否则易引起种子"戴帽"（图4-18）。

4.苗期管理　南瓜幼苗期对温度、光照十分敏感，幼苗花芽分化的质量很大程度上取决于苗期的温度、光照管理，水分也是影响幼苗质量的一个重要因素。因此，做好温度、光照和水分管理十分重要。此期育苗管理的重点是保温、降湿、增加光照，及

图4-13　穴中压坑

图4-14　种子平放，胚尖朝下

图4-15　播种后覆土（基质）

图4-16　播种后覆膜保墒

图 4-17　胚尖朝上导致　　　图 4-18　覆土过薄引发种子"戴帽"
幼根向上（出土）

时防治低温、高湿环境引起的苗期病害。

（1）温度管理　播种选择晴天下午进行。南瓜种子发芽适温为 25℃ ~ 30℃，同时要求 5 厘米地温达到 15℃ 以上，一般是幼苗出土前使育苗床内的白天温度保持在 30℃ 左右，使土壤保持较高的温度，加快出苗速度，最好使幼苗 5 ~ 7 天内出齐，否则幼苗质量会受到影响。幼苗出土后，立即揭去薄膜（图 4-19 和图 4-20），并适当通风，降低温度和湿度。一般温度管理白天 25℃ ~ 28℃，夜间 15℃ ~ 18℃。随着幼苗长大，应逐渐降低温度，通常白天温度控制在 22℃ ~ 26℃，夜间 15℃。此后随天气的变化逐步加大通风和延长光照时间，并逐渐降低气温。在定植前 7 ~ 10 天进行炼苗，使之适应定植后的环境。苗期温度管理切忌温度过高或过低，温度过高容易引起幼苗徒长（图 4-21 和图 4-22），温度过低容易引起倒苗和病害（图 4-23 和图 4-24）。

（2）光照管理　要培育壮苗，光照十分重要。为提高日照强度，应在保证温度的条件下，尽量早揭、晚盖覆盖物。一般在定植前 1 周，除去覆盖物，使幼苗得到充足的阳光。

（3）肥水管理　营养钵育苗，含水量和水分来源很有限，应

图 4-19　幼苗出土

图 4-20　及时揭去薄膜

图 4-21　高温引发的"高脚苗"

图 4-22　高温引起幼苗徒长

图 4-23　低温引发的"倒苗"

图 4-24　低温高湿引起病害

及时补水。切块育苗，播前浇足水分后，一般正常情况下可不再浇水，主要采用覆土保墒。育苗期间一般不施肥，但若苗龄过长，则应补充营养，随浇水施肥，一般用 0.5% 磷酸二氢钾溶液，浓度过高易产生烧苗现象。

南瓜幼苗在不同的环境条件下有不同的生态表现，当苗床温度过低时，幼苗生长缓慢，叶片边缘下垂，叶色黄绿。当苗床温度适宜时，下胚轴粗短，子叶肥大，叶片宽而厚，叶色深绿，显得壮实（图4-25）。因此，苗期管理根据幼苗的生态变化，通过揭除覆盖物的时间、温度控制、水分控制、肥料控制等措施来调控幼苗的生长，以达到培育壮苗的目的。

图4-25 健康的苗态

（二）栽植棚的准备

1. **灭菌、深耕与施肥** 前茬收获后，立即清除残株、杂草等地表所有杂物。深翻20厘米左右，重新闭棚熏蒸灭菌。灭菌按温室的空间，每立方米用硫磺4克，80%敌敌畏乳油0.1克，锯末8克，混匀后点燃，封闭1昼夜。然后每667米^{2}施入优质农家肥5 000千克，磷酸二铵、硫酸钾各30千克等混匀整平。然后按图4-26形式整地。图4-26①至③均可用于日光温室南瓜栽培。目前，南瓜冬季和早春日光温室生产多用图4-26①的形式。这种形式便于在冬季进行膜下灌溉，减少地表蒸发，容易降低棚内湿度,提高温度,减少病害发生,为南瓜生长提供良好的生态环境。

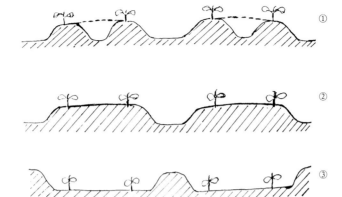

图4-26　南瓜日光温室整地形式示意图

2.按种植要求做畦　日光温室栽培南瓜多采用吊蔓栽培或支架栽培,高垄或半高垄栽培,支架栽培一般垄栽双行,吊蔓栽培垄栽单行或双行均可。垄高20～25厘米,冬季栽培为保温和降低棚内湿度,多采用地膜覆盖(图4-27)。

图4-27　日光温室南瓜双行栽培

(三)定　植

1.定植密度　南瓜的定植密度受栽培方式和品种特性的影响。日光温室南瓜栽培一般采用吊蔓栽培或支架栽培,定植密度:株行距为50～60厘米×100厘米;采用宽窄行种植的,宽行的株行距为50～60厘米×130厘米,窄行的株行距为50～60厘米

×70厘米。

2. **定植时间**　当南瓜幼苗长到3叶1心或4叶1心、一般日历苗龄20天左右时即可定植，定植时间一般为2月上中旬。

3. **定植方式**　先按栽培密度确定栽植点，然后在栽植点上挖小穴／小沟,穴／沟深8～10厘米。采用先浇水随水栽苗的办法，也可先栽苗后浇水。定植深度以埋没土坨为宜，要求幼苗不断茎、不裂叶、不散土坨。该季种植采用每穴一株的方式。定植结束后，酌情培土以防倒苗(图4-28)。

图4-28　南瓜定植

有条件者定植后，可安装滴灌设施，并配以地膜覆盖，一是可以提高地温，促进根系发育；二是能有效降低温室内空气湿度，减轻病害的发生(图4-29和图4-30)。安装

图4-29　安装滴灌设施

图4-30　地膜滴灌栽培

滴灌管时，如果栽培行太短，可以将管子绕行摆放。

（四）定植后的管理

1. **温度管理** 定植后1周内，前几天要保持日光温室内高温高湿，并数日内紧闭门窗，不可通风。温度控制白天为28℃～30℃，夜间18℃～20℃。缓苗后（4～7天），温度逐渐降低到昼温不超过30℃，以25℃～28℃为好，夜温18℃左右。完全缓苗后，采用低温管理，早晨温度可在15℃左右，以促进雌花的分化。花蕾出现后，温度管理晴天白天23℃～28℃，夜温18℃～15℃，夜温不能过高。进入3～4月份，为了抢行情，及早获得产量，也可采用高温管理。高温管理时，晴天白天上午30℃～35℃，夜温21℃～18℃。温度过高时，通过通风调节温度（图4-31和图4-32）。日光温室内的温度受光照条件影响严重，上述温度管理指标只是一个参考。在生产实践中，应根据南瓜生长状况、天气情况、市场行情和病虫害发生情况灵活掌握，以获得理想效益。

图4-31 通腰风

图4-32 通顶风

2. **水分管理** 南瓜生长发育期间对水分的需要量不是很大，但需要持续供给，特别是开花结果期需要较多的水分。给水同时要考虑温室内的小环境及排湿、保温的困难。因此，要根据生产经验以及植株的长相、果实膨大增重等的表现来判断是否给水，如中午叶片有下垂现象一般是水分不足的表现。一般苗期浇过缓苗水后，要及时中耕，保温保墒，促使根系向深生长，使瓜苗壮而不旺。坐瓜前尽量少浇水，避免徒长影响坐果。如果确实干旱，可结合引蔓浇水 1 次。进入坐果期后，当果实重 0.1 ~ 0.2 千克时结合追肥浇 1 次水作为催瓜水，以促进果实发育。进入盛果期后，应保证水分稳定供给。为了避免浇水造成棚内湿度过大，引起不良生长和病害的发生，用地膜覆盖方式栽培的，应采用膜下灌溉（图 4-33）。

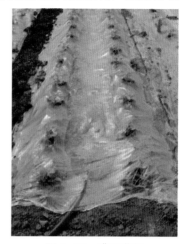

图 4-33　膜下灌溉

　　浇水时间应选在晴天上午进行。当进入 4 ~ 5 月份，随着室外气温的迅速升高和光照强度的增强，植株大量需水。为满足南瓜正常生长的需要，一般应逐沟浇大水，并通过通底风和顶风进行排湿。日光温室内的空气相对湿度管理，一般在缓苗期保持高湿（空气相对湿度 90%），随后逐渐降到 70%，春季随着高温的到来逐渐提高至 90%，以满足南瓜正常生长的需要。

　　3. 肥料管理　为了保证南瓜的高产稳产，除施足基肥外，还需要少量多次给以补肥。追肥方法如下：幼果坐住（幼瓜重 0.1 ~ 0.2 千克）之后，可在植株旁挖浅沟（5 ~ 8 厘米），条施饼肥 1 次，每 667 米^{2}用量为 50 千克左右；可结合浇水追施尿素 1 次，每 667 米^{2}用量为 15 ~ 20 千克，之后一般 15 天左右追 1 次肥，每次每 667 米^{2}追施尿素 10 ~ 15 千克。追肥时要注意，不

要偏施速效氮肥,

4.**其他管理** 除了日光温室的日常管理外,南瓜的支架与吊蔓、压蔓、绑蔓、打杈、人工辅助授粉或保果处理、疏花疏果、定瓜和病虫害及时防治等措施对南瓜栽培都非常重要。

(1) **南瓜吊蔓栽培** 当植株长至40厘米左右时进行吊蔓。先在温室沿南瓜种植行的方向在种植行上方1.8～2米处拉铁丝,吊绳的上端直接绑在铁丝上或用特殊的铁钩(图4-34至图4-36)钩上,这样容易日后落蔓。下端将吊绳直接绑在根基部(图4-37),也可以绑在地面的固定物上。吊绳的中部与蔓相缠而上(图4-38)。

当南瓜蔓长至吊钩处时(图4-39),应及时落蔓,并摘除下部叶片,以利于通风透光,减少病害发生的机会,提高南瓜商品品质(图4-40和图4-41)。

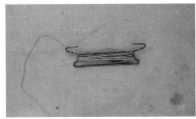

图4-34 吊蔓用的上挂装置之一

图4-35 吊蔓用的上挂装置之二

图4-36 吊蔓的上端

图4-37 吊蔓的下端

图 4-38　绳与蔓相缠　　　　　图 4-39　落蔓前的株态

图 4-40　落蔓并除去老叶　　　　图 4-41　日光温室南瓜吊蔓栽培后期

（2）南瓜的人工辅助授粉　　南瓜是雌雄同株异花植物，需要借助媒体传播花粉，才能完成受精坐果，自然界中蜜蜂等昆虫是重要的传递花粉的媒体，由于日光温室密闭栽培对传递花粉的媒体的限制，需要人工辅助授粉，以完成南瓜受精坐果的过程。人工辅助授粉的操作过程如图 4-42 至图 4-46 所示，即早晨 6 ~ 8 时当南瓜雄花和雌花完全开放后，采摘雄花，剥离花冠，露出雄蕊，一只手轻轻捏住雌花的花冠，另一只手将雄蕊表面上的花粉轻轻涂抹在雌花的柱头上，涂抹均匀，一般 1 朵雄花可涂抹 2 ~ 3 朵雌花。

图 4-42　南瓜的雄花（花冠、雄蕊、花粉）

图 4-43　南瓜的雌花（花冠、柱头）

图 4-44　剥离花冠，露出雄蕊（花粉）

图 4-45　将雄蕊上的花粉轻轻涂在雌蕊上

图 4-46　授粉避免碰撞下部子房（小瓜）

（3）南瓜的蘸花　　有时在早春初花期，雌花先前开放，没有雄花，可采取人工保果措施。一般多用防落素等人工合成的植物生长调节剂蘸花。为方便辨认，一般在蘸花液中加入墨水；为方便使用，将配好的蘸液放在温室中（图4-47）。蘸花时间为花前1天（图4-48）或开花当天（图4-49），蘸花的部位可以是子房（幼瓜）、瓜梗或雌蕊，具体使用浓度详见产品使用说明书。值得注意的是，南瓜对人工合成的植物生长调节剂非常敏感，要严格按照使用说明书使用。

图4-47　配制好的蘸花液体

图4-48　开花前1天蘸花

图4-49　开花当天蘸花

（4）疏花疏果与定瓜　　化瓜是南瓜栽培中常见的现象（图4-50和图4-51），引起化瓜的原因比较复杂，其中营养不足是引起化瓜的主要原因之一（图4-52和图4-53）。正常的南瓜有足够多的雌花（图4-54），因植株所供营养有限，营养不足也可能导致畸形瓜、残次瓜（图4-55），必须进行疏花疏果，提高商品果率。生产上根据果型、株态进行定瓜，依据品种特性和栽培水平，确定结瓜部位和结瓜数量，一般根瓜尽量不留。

图 4-50　化瓜初期状态

图 4-51　化瓜中后期状态

图 4-52　营养竞争引起的化瓜

图 4-53　坐瓜后的化瓜

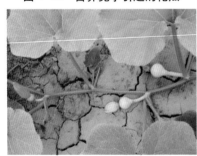

图 4-54　正常坐瓜

图 4-55　坐果过度的株态

二、南瓜秋茬、秋延后日光温室栽培

在这个茬次栽培南瓜主要是提供高档南瓜、特种南瓜（如迷你型南瓜、贝贝南瓜等）。由于这个栽培茬次的初期处于高温季节，后期处于低温环境，因此栽培重点是前期降温、降湿、防徒长、防病虫，后期保温，尽量使果实成熟期处于较高温度下，以提高果实品质。其栽培要点如下。

第一，培养健壮无菌苗，具体操作同前述。管理的重点是防幼苗徒长，培育无菌苗，为了避免高温、病虫和暴雨等对幼苗造成影响，采用温室内遮阳育苗（图4-56），并在育苗基质中加入或叶面喷施控制生长类物质（瓜类壮苗宝、多效唑、矮壮素等），以防幼苗徒长（图4-57）。

第二，坐果及定瓜后，及时摘心打顶，促进果实膨大成熟。

第三，及时防治病虫害。

第四，田间其他管理（图4-58和图4-59）同春季早熟覆盖栽培。

图4-56　日光温室内遮阳育苗　　图4-57　应用瓜类壮苗宝育苗的效果（图右）

图 4-58　南瓜苗期开始徒长状态　　图 4-59　秋季控制茎蔓促进成熟

三、南瓜塑料大棚早熟覆盖栽培

采用塑料大棚进行生产有两个主要茬次，即秋冬栽培和早春栽培，在我国北方以早春栽培为多。秋冬季栽培一般是指长江流域及其以南地区，8 月中下旬播种、9 月上中旬定植、11 月中旬始收的栽培茬次。春季早熟覆盖栽培一般是指北方于 12 月下旬至翌年 2 月上旬播种、2 月上中旬至 3 月上中旬定植、4 月下旬至 5 月下旬始收的栽培茬次。下面重点介绍多层覆盖早熟栽培技术。

（一）栽植棚地准备

1. **清除杂物、灭菌**　当前茬作物收获后，立即清除残枝残叶、杂草等地表所有杂物，然后深翻（20 厘米左右）冻垡或暴晒。育苗前 1 周，可覆盖塑料薄膜，闭棚 2～3 天熏蒸灭菌或高温灭菌，方法同前。

2. **施入基肥**　施入有机肥，按无公害蔬菜栽培对肥料的要求，施入符合规定的优质有机肥。由于该季生长期较长，有机肥的施入量可酌情增加，一般为每 667 米^2 施有机肥 3 000～5 000 千克为宜，并施入三元复合肥 50 千克。施入方式以撒施、沟施、穴施为佳。

3. 做畦 肥料施入后，与土壤混匀，整平地面，按种植要求做畦（图 4-60 和图 4-61）。

图 4-60 肥土混匀、整平地面 　　图 4-61 按要求做垄

塑料大棚栽培南瓜时，也有采用多层覆盖栽培，如山东省潍坊市昌乐县采用塑料大棚双层覆盖＋小拱棚＋地膜多层覆盖（图 4-62 至图 4-64）。多采用高畦栽培，因其高出地面，土层深厚，同时有较大的受光面积，有利于生长后期提高地温，有利于根系的生长发育。具体做法是：先在已平整好的地面上，按行距要求画好线，顺线开沟，沟深 13 ～ 17 厘米，然后在沟内撒施有机肥，再将沟两侧的土盖在肥料上，并培成半圆形的高畦，垄高 15 ～ 25 厘米，垄间距离即为未来单行定植的行距宽度。一般吊蔓栽培者，高畦顶宽 120 ～ 150 厘米，高畦间距 50 ～ 90 厘米；爬地栽培者，高畦间距 300 厘米。

图 4-62 塑料大棚＋小棚＋地膜多层覆盖之一

65

图 4-63　塑料大棚 + 小棚 +
地膜多层覆盖之二

图 4-64　塑料大棚双层覆盖 +
小棚 + 地膜多层覆盖之三

（二）定　植

1. **定植密度**　南瓜的定植密度受栽培方式及品种的影响。
塑料大棚一般采用吊蔓栽培或支架栽培，定植密度：株行距为
50 ~ 60 厘米 ×100 厘米；采用宽窄行种植的，宽行的株行距为
50 ~ 60 厘米 ×130 厘米，窄行的株行距为 50 ~ 60 厘米 ×70 厘
米，双蔓整枝栽培株行距会更大（500 ~ 550 株 /667 米 ^{2}）。

2. **定植时间**　当南瓜幼苗长到 3 叶 1 心或 4 叶 1 心、日历苗
龄 30 天左右时即可定植，一般为 2 月上旬至 3 月上旬。

3. **定植方式**　先按栽培密度确定栽植点，然后在栽植点上挖
小穴，穴深 8 ~ 10 厘米。采用先浇水随水栽苗的办法，也可先
栽苗后浇水。定植深度以埋没土坨为宜，要求幼苗不断茎、不裂叶、
不散土坨。该季种植采用每穴 1 株方式。定植结束后，酌情培土
以防倒苗。

（三）支架、引蔓及植株调整

1. **支架或吊蔓**　支架的形式很多，不同的地方也不尽相同，
常用的支架大体归纳为 3 种类型：第一种是"一条龙"型，每株 1 桩，
在 1.5 米处用横杆连贯固定。第二种是"人"字形横垣架，每株

棚室南瓜防病虫栽培图解

用 1 根竹竿互相交叉成为"人"字形架，在 1.5 米处（交叉处）用横杆连贯固定，瓜苗位于架的两侧。第三种是吊蔓，吊蔓时先在每 1 行上面拉 1 道铁丝，但铁丝尽量不与拱架连接，以免屋面变形。每株瓜秧用一根绳，绳的上端与铁丝相连，下端用木桩固定在地面上，随着茎蔓的生长，将绳和茎蔓互相缠绕在一起即可（图 4-65）。

图 4-65　塑料大棚吊蔓栽培

2．引蔓　根据南瓜雌花生长习性和坐果位置的要求，架南瓜一般在主蔓 7 节以后引蔓上架，在塑料大棚南瓜栽培中，当蔓长为 50 厘米左右时，即可支架，并立即引蔓上架。

3．绑蔓及植株调整　南瓜上架后至架顶部一般按瓜蔓自然生长势引蔓，然后绑蔓固定即可。引蔓的方式多采用"一条龙"架形，即顺竹竿引蔓。每隔 3 ～ 4 个叶节绑 1 次蔓。绑蔓时应注意松紧适度，绑得过松，容易使茎蔓脱落；绑得过紧，会妨碍茎蔓生长，重者则会伤、断茎蔓。在绑蔓的同时，去掉多余的侧枝和卷须。

山东潍坊地区南瓜生产采用塑料大棚早春多层覆盖（含地膜达 4 层塑料膜）吊蔓栽培，每 667 米^2 定植 500 ～ 550 株，双蔓整枝，2 月上中旬定植，7 月底结束，产量可达 5 000 千克，其整枝方式如图 4-66 至图 4-69 所示。第一次打顶是在主蔓 4 ～ 5 叶处打顶（图 4-70），留 2 条侧枝（一级侧枝，图 4-71）；第二次打顶是分别在一级侧枝的瓜（一般 2 个瓜）上面两叶处打顶，并分别留其顶部侧枝 1 条（二级侧枝，图 4-72）；第三次打顶是在二级侧枝的瓜（一般 2 个瓜）上两叶处打顶，并分别留其顶部侧枝 1 条（三级侧枝）；当三级侧枝坐瓜（1 个瓜）后留 2 叶打顶。

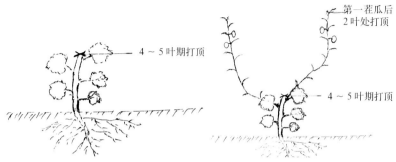

图 4-66　吊蔓整枝第一次打顶示意图　　图 4-67　吊蔓整枝第二次打顶示意图

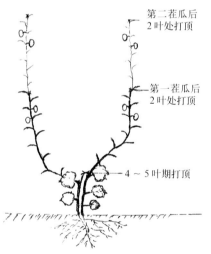

图 4-68　吊蔓整枝第三次打顶示意图

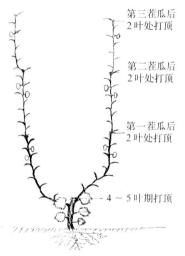

图 4-69　吊蔓整枝第四次打顶示意图

　　植株调整包括留蔓、整枝、打杈、疏花、疏果、定果、摘心等。大棚南瓜栽培整蔓的方式主要有单蔓整枝和双蔓整枝。疏花疏果

图 4-70　主蔓打顶（摘心）　　　　　图 4-71　主蔓与一级侧枝

一般是第一雌花出现后，从第 2 ~ 7 个雌花间选留形状周正、发育壮实、花柄粗大、子房完好、有光泽、符合该品种特征的雌花，其余雌花和大部分雄花摘除。选留雌花的数量：一般为 4 ~ 5 朵。雌花受精后，在所留花朵的基础上选留 3 个幼果，其余摘除。定瓜后摘心，以控制茎蔓继续生长，一般在最上部幼瓜后 8 ~ 10 片叶子处摘心。

其他田间管理同南瓜春季日光温室早熟覆盖栽培。

图 4-72　挂果的一级侧枝与新生的二级侧枝

四、南瓜塑料小拱棚春覆盖栽培

采用塑料小拱棚栽培南瓜，投资小，见效快，同样可以达到早熟、丰产的目的。例如陕西关中地区，种植日本南瓜、西洋南瓜等印度南瓜类型中的早熟品种，于 3 月上旬在温室育苗，3 月中下旬定植，大田生产覆盖 1 个月左右，在 6 月上旬即可上市，经济效益可观。

（一）前期准备

小拱棚的搭建是在整地、做畦之后进行，小拱棚栽培与大棚、温室栽培前期的准备工作内容基本相同。但小拱棚一般多采用爬地栽培，前期为覆盖栽培，后期为露地栽培。进行整地，整成畦宽1.2米的平畦。小拱棚宽2.4米、高1.2米左右，用4米宽的薄膜覆盖；或畦宽1.2米、高0.5米，用2米宽的薄膜覆盖。根据栽植方法的不同（棚内种植单行、双行），有机肥的施入相对集中在栽培畦。整地与建棚的方法参见南瓜塑料大棚早熟覆盖栽培的有关内容。

（二）育苗与定植

1. **育苗操作**　参见南瓜春季日光温室早熟覆盖栽培有关内容。

2. **定植**　定植的正常苗态为3叶1心，如果栽培条件好，也可在1片心叶时（苗龄15天左右）定植。按栽种计划距离挖深10～15厘米的坑并放苗（图4-73），埋土以盖住土坨为佳（图4-74），不宜过深或过浅。

幼苗定植后立即灌小水（图4-75）。对于1.2米×0.5米型的小棚，先定植、灌水、后盖棚（图4-76）。

图4-73　挖坑、放苗

图4-74　栽　苗

图 4-75　定植后及时灌小水　　　　　　图 4-76　定植后盖棚

（三）定植后的管理

1. 适时通风调节棚内温度　对于 1.2 米 × 0.5 米型的小棚从棚中间通风降温（图 4-77），可根据棚内温度情况，通过增加通风口数量调节温度，直至揭除全部覆盖（图 4-78 和图 4-79）。对于 2.4 米 × 1.2 米型的小棚，可从棚的两端通风（图 4-80）。

图 4-77　小棚中部通风　　　　　　图 4-78　小棚多口通风

图 4-79　揭除覆盖物　　　　　　图 4-80　小棚端口通风

2. 中耕除草 对于 2.4 米 ×1.2 米型棚,当土壤墒情合适时,应及时中耕锄草,保墒以提高地温。

当植株开始扯蔓时(图 4-81),从拟扯蔓相反的方向给南瓜根部培土(图 4-82),并对植株生长的方向进行调整,促使植株朝同一方向伸蔓。

对于 1.2 米 ×0.5 米型棚,待覆盖物揭除后,及时浇水、整理植株,使瓜蔓朝同一方向生长(图 4-83)。值得注意的是,转

图 4-81 开始扯蔓的株态

图 4-82 培 土

图 4-83 调整植株生长朝一个方向

动瓜秧方向时，最好在晴天下午，慢慢转动，如果1次转动到预计位置有难度的，可以多次转动，要轻，以防折断瓜秧。

3.压蔓 蔓长为50厘米时，开始整枝压蔓，促进发生不定根。压蔓一般用土块或湿土压埋（图4-84），每50～80厘米压1次，以防刮大风引起滚蔓（图4-85），影响幼瓜生长。

图4-84 压 蔓

图4-85 刮风引起滚蔓

4.及时摘除侧枝 南瓜因品种不同，一些品种侧蔓多而强，影响主蔓结瓜和成熟时间，侧蔓影响植株通风透光进而影响坐瓜，影响基部雄花的开放时间，因此要及时除掉侧枝（图4-86和图4-87），并经常检查侧枝发生情况，保证田间植株始终处于合理的密度。

图4-86 除掉基部侧枝

图4-87 除掉主茎上的侧枝

5.**遮阴处理**　南瓜坐果的中后期，遇到高温强光照，容易引发果实灼伤（图4-88），影响品质和产量。因此，对果实进行覆盖遮阳，可以用南瓜叶、杂草等进行覆盖（图4-89至图4-91）。

图4-88　高温强光引起果实灼伤　　　图4-89　用南瓜叶覆盖

图4-90　覆盖后压土，以防被风刮掉　　图4-91　覆盖瓜的后期

第五章 南瓜病虫害防治技术

一、病害防治

（一）病毒病

1. 危害症状 该病从幼苗至成株期均可发生。据报道，有36种植物病毒可侵染南瓜类蔬菜，表现的症状各有差异，主要有花叶型、皱缩型、绿斑型、黄化型，以花叶型、皱缩型较常见。染病初期幼叶呈浓淡不均匀的镶嵌花斑，严重时叶片皱缩变形，果实畸形或产生凹凸不平的瘤状物，或果实表面出现花斑，或不结瓜，严重时，植株萎蔫或死亡（图5-1至图5-8）。

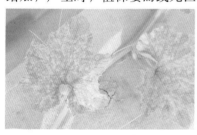

图5-1 南瓜叶面病毒病（花斑型）

图5-2 病毒引起的叶片黄化

图5-3 南瓜叶部病毒病
（花斑＋皱缩）

图5-4 病毒病对南瓜幼果
生长的影响

图 5-5　南瓜幼果病毒病

图 5-6　病毒对生长中期果实的影响

图 5-7　南瓜成熟果病毒

图 5-8　病毒病对茎蔓叶
生长的影响（图下）

2.防治方法

（1）品种选择　选用抗病品种。

（2）防止种子带有病毒　从无病株上采种，选用无毒种子，或播前用10%磷酸三钠溶液浸种20分钟，后用水洗净。

（3）农业防治　春季栽培采取早育苗、简易覆盖等措施，早栽早收，避开高温和蚜虫活动盛期。加强田间管理，培育健壮植株，增强抗病能力。田间整枝等农事活动实行专人流水作业，减少交叉传染。田间发现病株立即拔除、深埋或烧毁，以免传播危害。有条件的地方，实行轮作。

（4）切断传染源　注意防治蚜虫和白粉虱，防虫要早，喷药要细。

（5）药剂防治　发病初期，喷洒20%吗胍·乙酸铜可湿性粉剂500倍液，1.5%烷醇·硫酸铜乳剂1000倍液，或10%混合脂肪酸水剂1000倍液进行防治。

（二）白　粉　病

1. 危害症状　俗称"白毛"，是南瓜类蔬菜生产中的重要病害之一。　苗期、成株期均可发生，主要危害叶片，严重时叶柄、茎蔓也会发生，一般不危害瓜。发病初期，首先在叶片正面和背面出现白色粉状圆形斑点，逐渐扩大呈不规则状，白粉也越来越厚，不久连成大片，成为边缘不清楚的大白斑。发病后期布满整个叶面，以后呈灰白色，导致叶片黄化、干枯。一般先从老叶发病。茎和叶柄发病，症状与叶片相似（图5-9至图5-13）。

图5-9　南瓜叶面白粉病初期

图5-10　南瓜叶面白粉病中后期

图5-11　南瓜叶面白粉病严重发生

图5-12 叶柄、茎蔓
上的白粉病

图5-13 白粉病导致叶片枯死

2.防治方法

（1）品种选择 选用抗病品种。

（2）农业防治 选择地势高、通风、排水良好的地块种植，合理浇水，降低湿度。基肥增施磷、钾肥，生长期避免氮肥过多。培育壮苗，增强植株抗性。保护地定植前用硫黄熏棚。

（3）物理防治 用27%高脂膜乳剂80～100倍液，在发病初期喷洒在叶片上，使之形成一层薄膜，不仅防止病菌侵入，还可造成缺氧条件，使白粉病菌死亡，一般5～6天喷1次，连喷3～4次。

（4）化学防治 发病初期及时喷药，喷药应着重叶背面。常用药剂有：50%多菌灵可湿性粉剂500倍液，或15%三唑酮可湿性粉剂1 500倍液，或20%三唑酮乳油2 000倍液，或75%百菌清可湿性粉剂600倍液，或2%嘧啶核苷类抗菌素水剂或2%武夷菌素水剂200倍液，每7～10天喷1次，连喷2～3次。也可用45%百菌清烟剂或10%腐霉利烟剂熏蒸，每667米^{2}用药250克。上述药剂交替使用更好。

（三）疫　病

1.危害症状　是南瓜生产上最重要的病害之一，严重时会引起植株枯死、果实腐烂，甚至绝产。整个生产期都可发生。幼苗发病，茎基部出现水渍状软腐，多呈暗绿色，常造成幼苗倒伏。成株期叶片上产生暗绿色圆形病斑，边缘不明显，空气潮湿时，病斑迅速扩展，叶片部分或大部分软腐，并在病部可看到白霉。南瓜的葡匐茎，接触地面广，茎部各部位可发生褐色软腐状不规则斑，蔓延迅速，湿度大时，病部也产生白色霉层。果实被害，初呈暗绿色水浸状小点，迅速扩展至全果实腐烂，果实上常密生灰白色霉状物（图5-14至图5-16）。

图5-14　南瓜果实疫病

图5-15　南瓜幼苗疫病

图5-16　南瓜叶片疫病

2.防治方法

（1）品种选择　选育抗病、耐病品种，大面积种植避免品种单一化。

（2）合理选择种植地　一是选择地势高燥、不易积水的沙土种植。二是避免和瓜类、茄科类蔬菜连茬种植。三是进行轮作，最好与小麦、玉米等禾本科作物轮作。四是避免和辣椒作物邻作。

（3）农业防治　及时控制发病中心，发现中心病株及时彻底剪除，并在发病中心周围喷化学药剂预防。控制氮肥，增施磷、钾肥，培育健壮植株，提高抵抗力。除对土壤进行处理外，还对病残体进行深埋或高温积肥等处理。防病时最好组织协调，统一防治。

（4）化学防治　雨季到来前用缓释剂 1 号或 2 号施于茎基部 2 厘米深处，覆土即可，或用缓释颗粒剂撒于植株周围。也可用 25%甲霜灵可湿性粉剂或 72%霜脲·锰锌可湿性粉剂 500 倍毒土，每 667 米^{2}用配好的毒土 100 千克，在雨季到来之前撒于植株根际周围。也可在病害发生初期喷洒 25%甲霜灵可湿性粉剂 600 倍液，控制病害蔓延。

（四）猝倒病

1. 危害症状　是苗期主要病害之一。幼苗茎基部初呈水浸状，黄褐色病斑迅速扩展，后病部缢缩呈线状，子叶青绿时，幼苗便倒伏死亡。病床最初是零星发生，形成发病中心，迅速扩展，最后引起成片倒苗。苗床湿度大时，病残体表面及附近土壤表面出现一层白色絮状霉，最后幼苗多腐烂或干枯（图 5-17）。

2. 防治方法

（1）加强苗床管理选择地势高燥、水源方便、旱能浇、涝能排、前茬未种过瓜类蔬菜的

图 5-17　南瓜幼苗猝倒症状

地块做育苗床，选用无病新土作床土。使用旧苗床时，应进行床土消毒。施用的肥要腐熟、均匀，床面要平，无大土粒，播种前早覆盖，提高苗床温度至20℃以上。按每平方米用硫菌灵、苯菌特或苯并咪唑5克和50倍干土拌匀，撒在床面上。

种子要进行消毒处理，催芽时间不宜过长，播种不宜过密。苗床温度应控制在25℃～30℃，地温保持在15℃以上。注意提高地温，降低土壤湿度。出苗后尽量不浇水，必须浇水时，要选择晴天喷洒，切忌大水漫灌。连续阴雨转晴时，应加强通风，中午适当遮阴，防止烤苗导致秧苗萎蔫。如果发现有病株，要立即拔除烧毁，并在病穴处撒石灰或草木灰消毒。

（2）化学防治　若幼苗已发病，为控制其蔓延，可用铜铵合剂防治，即用硫酸铜1份、碳酸铵2份，磨成粉末混合，放在密闭容器内封存24小时，每次取出铜铵合剂50克对清水12.5升，喷洒床面。也可用硫酸铜2份、硫酸铵15份、石灰3份，混合后密闭24小时，使用时每50克对水20升，喷洒畦面。发病初期也可用25%甲霜灵可湿性粉剂800倍液，或75%百菌清可湿性粉剂600倍液，或72.2%霜霉威水剂400倍液，或用50%异菌脲可湿性粉剂1500倍液喷雾，每隔7～10天喷1次，连喷2～3次。也可用5%百菌清粉尘剂每667米^{2}1千克，或45%百菌清烟剂每667米^{2}250克熏蒸。

（五）灰　霉　病

1. 危害症状　是近年来发生的重要病害之一。主要危害雌花和幼果，严重时危害叶、茎和较大的果实。该病多是由残花先发病，雌花受害后，花瓣呈水浸状腐烂，继续向幼果扩展，引起果脐部腐烂，表面密生灰霉层，不久干缩脱落。叶片上发病多以落上的残花为发病中心，病斑不断扩展，可成大型近圆形或不规则形褐色病斑，中央褐色，有轮纹，表面有灰色粉状霉。茎上很少发病，偶然发病时，病部灰白色，上有霉层发生，严重时病斑可环绕一圈，上部萎蔫。茎和叶柄染病后，常腐烂，易折断（图5-18和图5-19）。

图5-18　灰霉病在南瓜花冠上的症状　　图5-19　灰霉病菌侵染南瓜幼果

2. 防治方法

（1）农业防治　控制保护地或生产地内湿度，可采用滴灌栽培或高畦地膜覆盖暗灌方式。加强通风排湿，及时清除大棚上的尘土，增强光照强度。合理密植，防止徒长，也可推广宽行种植技术。及时去掉开败了的雌花花冠，减少灰霉病菌的侵染机会（图5-20）。

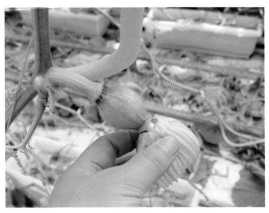

图5-20　及时摘掉南瓜衰败的花冠

清除病残体，及时摘去化瓜、病叶、黄叶及雄花，使田间通风透光好，降低田间湿度。采收结束后彻底清除病残体并带出棚外深埋或烧掉。重病地块农闲时可深翻。生长前期适当控制浇水，多中耕，提高地温，降低湿度，防止徒长，提高植株抗性。

（2）化学防治 发病初期可用10%腐霉利烟剂熏蒸，每667米²每次用药200～250克。或每667米²每次用45%百菌清烟剂250克，熏3～4小时。或喷洒50%多菌灵可湿性粉剂500倍液，或50%乙烯菌核利水分散粒剂1000倍液，或50%异菌脲可湿性粉剂1500倍液，或50%腐霉利可湿性粉剂2000倍液。以上药剂每隔7～10天喷1次，连喷2～3次。

（六）炭 疽 病

1. 危害症状 主要发生在植株开始衰老的中后期，被害部位有叶、茎、果实。病菌发病多在子叶上产生圆形淡褐色稍凹陷病斑，上生橘红色黏状物质，有时幼茎在近地面茎部产生淡褐色病斑。叶片感病时，最初出现水浸状纺锤形或圆形斑点，叶片干枯成黑色，外围有一紫黑色圈，似同心轮纹状。干燥时，叶提前脱落。果实发病初期，表皮出现暗绿色油状斑点，病斑扩大后呈圆形或椭圆形凹陷，暗褐色或褐色；当空气潮湿时，中部产生粉红色的分生孢子，严重时致使果实腐烂（图5-21和图5-22）。

图 5-21 炭疽病菌引起南瓜果实腐烂

图 5-22 　叶面上炭疽病病斑

2.防治方法

（1）农业防治　种子用 55℃ 温水浸种 15 分钟消毒。用无病土育苗，重病地块应与非瓜类作物轮作 3 年以上。采用高畦地膜覆盖栽培，合理浇水，雨后应及时排水，通风排湿。初见病株应及时拔除，收获后清除病残体，随之深翻土地。

（2）药剂防治　发病初期可用 80% 福·福锌可湿性粉剂 800 倍液，或 50% 多菌灵可湿性粉剂 500 倍液，或 65% 代森锌可湿性粉剂 500 ～ 700 倍液，或 2% 嘧啶核苷类抗菌素水剂 200 倍液交替喷洒，每 7 ～ 10 天 1 次，连续 2 ～ 3 次。

（七）蔓枯病

1.危害症状　可发生在茎、叶、幼果等部位。叶部受害多发生在叶缘，产生圆形或近圆形不规则大型病斑，呈"V"字形向内发展。病斑褐色或黄褐色，病斑轮纹不明显，上有黑色小粒点，后期病斑易破碎。蔓上病斑呈梭形或椭圆形，后软化变黑，溢出胶状物，后期病基部干缩、纵裂。幼瓜期受害多为花器感染，软化，呈心腐状（图 5-23 和图 5-24）。

图 5-23 南瓜叶部蔓枯病初期症状　　图 5-24 南瓜叶部蔓枯病受害症状

2. 防治方法

（1）地块选择　　选择排水良好的高燥地块种植，与禾本科作物轮作 2 ～ 3 年。

（2）种子处理　　从无病植株上采种，播前用 55℃ 温水浸种 15 分钟，或用 40% 甲醛 100 倍液浸种 30 分钟，或用 0.3% 苯菌灵、福美双可湿性粉剂拌种等方法处理种子。

（3）化学防治　　发病初期喷 75% 百菌清可湿性粉剂 600 倍液，或 50% 甲基硫菌灵可湿性粉剂 500 ～ 1 000 倍液，或 50% 多菌灵可湿性粉剂 500 倍液，或 70% 代森锰锌可湿性粉剂 1 500 倍液。每隔 7 ～ 10 天喷洒 1 次，连喷 2 ～ 3 次。

二、虫害防治

（一）蚜　虫

1. **危害特点**　　瓜蚜俗称腻虫、蜜虫等。瓜蚜的若蚜共分 5 龄，成虫分有翅胎生雌蚜和无翅胎生雌蚜。有翅蚜虫为黄色、浅绿色或深绿色，前胸背板及腹部黑色，腹部背面两侧有 3 ～ 4 对黑斑，触角 6 节，短于身体。无翅蚜虫在夏季多为黄绿色，春秋季为深绿色或蓝色。体表覆盖着薄层蜡粉。腹管黑色，较短，圆筒形，基部略宽，上有瓦状纹。卵为长椭圆形，初产时黄绿色，后变为深黑色，有光泽。以成蚜或若蚜群集于叶背面、嫩茎、生长点和花上，用针状刺吸式口器吸食植株的汁液，使细胞受到破坏，生长失去平衡，叶片向背面卷曲皱缩，心叶生长受阻，严重时植株停止生长，甚至全株萎蔫枯死。蚜虫危害时排出大量水分和蜜露，滴落在下部叶片上，引起霉菌发生。刺吸式口器吸食植株汁液，也可传播病毒（图 5-25 至图 5-28）。

图 5-25　蚜虫造成叶面污染

图 5-26　蚜虫造成果实和叶面污染

图 5-27　蚜虫在花冠上

图 5-28　蚜虫在叶背面

2. 防治方法

（1）农业防治　清除棚室内及其周围的杂草。育苗棚内要消灭瓜蚜，培育无虫苗。结合整枝打杈，摘除带虫的茎叶，拿到田外烧毁。

（2）化学防治　防治蚜虫在虫害初期进行，主要用20%氰戊菊酯乳油2 000～3 000倍液，或40%氰戊·杀螟松乳油4 000倍液，或2.5%溴氰菊酯乳油2 000～3 000倍液，或21%氰戊·马拉松乳油4 000倍液喷洒。在保护地内也可用杀瓜蚜1号烟剂熏蒸1夜，每667米^{2}用药0.5千克。效果较好。

（二）白 粉 虱

1. **危害特点**　白粉虱又名小白蛾，全身表面分布一层白色蜡粉而得名。一般以成虫和若虫危害植株和果实。成虫有趋嫩性，通常集中栖息于嫩叶背面，吸取汁液并产卵，致使叶面生长受阻而变黄，被害叶片干枯或植株生长发育不良。成虫和若虫还能分泌大量蜜露，堆积于叶面或果面，引起煤污病，影响叶面进行光合作用和呼吸作用，以致叶片枯萎，导致植株枯死（图5-29）。此外，白粉虱还能传播病毒病。

图5-29　白 粉 虱

2. **防治方法**

（1）消灭虫源　在春季和秋季两次保护地与露地交接换茬时，

彻底消灭虫源，即春季用药剂消灭成虫，拔除温室内的残株并烧毁，不让卵虫迁往露地。秋季彻底熏杀育苗温室残余虫口，培养无虫苗，定植前熏蒸温室大棚。

（2）物理防治　在白粉虱发生初期，用特制的专用黄板诱杀，效果较好。

（3）化学防治　即在虫口密度低时及早喷药，每周1次，连续3次，可选用25%噻嗪酮可湿性粉剂1 500倍液，或25%灭螨猛可湿性粉剂1 000倍液，或2.5%氯氟氰菊酯乳油2 000～3 000倍液，或2.5%溴氰菊酯乳油2 000～3 000倍液，或2.5%联苯菊酯乳油2 000～3 000倍液，或20%氰戊菊酯乳油2 000～3 000倍液等药剂。

（三）潜叶蝇

1. 危害特点　潜叶蝇又名潜蝇、蔬菜斑潜蝇、蛇形斑潜蝇、甘蓝斑潜蝇、美洲斑潜蝇等。分布广，寄主有瓜类、十字花科、茄科等21科170余种植物，成虫、幼虫均可危害。潜叶蝇以蛹在被害叶内越冬，南方无越冬现象。越冬蛹春天羽化，先吸食花蜜，交尾后产卵，多产在幼叶叶缘组织中，孵化后在叶内潜食，产生不规则蛇形白色虫道，被害处仅留下上下表皮。末龄幼虫，可咬破虫道，落入土中或土表、叶表化蛹。虫道内有黑色虫粪。危害严重田块受害株100%，叶片受害70%，吃尽叶肉或导致被害叶萎蔫枯死（图5-30）。

图5-30　潜叶蝇危害南瓜叶片

2．防治方法

（1）消灭虫源　果实采收后，清除植株残体并烧毁。农家肥要充分腐熟，以免引诱种蝇产卵。

（2）化学防治　在产卵期和孵化初期防治，主要使用药剂有：25%灭幼脲悬浮剂、98%杀螟丹可溶性粉剂1 500～2 000倍液，或1.8%阿维菌素乳油2 000倍液，或48%毒死蜱乳油800倍液，或5%氟啶脲乳油2 000倍液，或5%氟虫脲乳油2 000倍液，或20%甲氰菊酯乳油1 000倍液。上述农药可交替使用，每周1～2次，连喷3次即可。

（四）蜗　牛

1．危害特点　蜗牛也叫蜓蚰螺、水牛，有灰巴蜗牛、同型巴蜗牛等种类。蜗牛分布广，寄主有十字花科、豆科、茄科、葫芦科等多种作物，危害作物茎、叶、幼苗、花及嫩果，严重时造成缺苗断垄。危害南瓜花冠、幼果，造成幼果腐烂脱落（图5-31至图5-34）。

图5-31　同型巴蜗牛在果柄上

图 5-32　蜗牛对花冠的危害

图 5-33　蜗牛蚕食幼果

图5-34 蜗牛蚕食叶片

2. 防治方法

（1）农业防治　　及时清除田园及其周边杂草，合理密植，以保持土壤处于合理的湿度。

（2）化学防治　　每平方米用10%多聚乙醛颗粒剂1.5克均匀撒施于田间，诱杀蜗牛。